REFLEXÃO SOBRE O TEMPO

Leandro Bertoldo

LEANDRO BERTOLDO
Reflexão Sobre o Tempo

Dedico este livro ao saudoso cachorro de casa, cujo nome era **Brotinho**, mais conhecido como **Titiu** (1964-1978).

LEANDRO BERTOLDO
Reflexão Sobre o Tempo

LEANDRO BERTOLDO
Reflexão Sobre o Tempo

"É tempo de tirar a luz de sob o alqueire e fazê-la resplandecer com luminosidade clara e brilhante". (CRA, 23).

Ellen Gould White
Escritora, conferencista, conselheira, e educadora norte-americana.
(1827-1915)

LEANDRO BERTOLDO
Reflexão Sobre o Tempo

Sumário

Prefácio
Quem Sou

Prefácio

Este livro é resultado das pesquisas e reflexões juvenis do autor sobre as principais características do tempo. Foi originalmente produzido em 1977, quando o autor contava dezoito anos de idade e sua imaginação andava de rédeas soltas pelos campos férteis da criatividade.

A princípio este livro foi escrito em folhas avulsas de papel que servia para embrulhar os pães que vinham da padaria e posteriormente em 1983 foi transcrito para um caderno universitário.

Originalmente, esta obra foi produzida apenas para consulta particular do autor, visando colocar as suas ideias sobre a natureza do tempo em ordem. Nela o autor procurou reunir alguns aspectos que caracterizam a propriedade do tempo. Mas, para formar a sua ideia sobre o conceito de tempo, o autor recorreu a celebre hipótese Newtoniana do Tempo Absoluto e, a não menos celebre Teoria da Relatividade.

Utilizando os conceitos desses dois Sistemas do Mundo o autor chegou a algumas conclusões inusitadas sobre a natureza do tempo. Para o autor o tempo é resultado da expansão do espaço e surgiu no momento da Grande Explosão, conhecida em inglês como Big Bang.

Para expor o assunto o livro foi dividido em sete capítulos: O primeiro, procura trazer uma breve noção do que é o tempo; o segundo apresenta o conceito de fluxo de tempo; o terceiro apresenta algumas propriedades sobre o conceito de duração; o quarto mostra algumas características do período; o quinto define os conceitos de instante; o sexto capítulo apresenta entre outras, a ideia de extensão de tempo, considerando seu referencial, cronometragem, classificação; o novo sétimo discorre rapidamente sobre alguns aspectos do espaço. Finalmente o livro termina com três apêndices matemáticos, apresentando algumas ideias desenvolvidas no corpo do livro.

O autor guarda em seu coração o desejo de que algumas de suas ideias, expostas nesta singela obra, possam ser bem aproveitadas pelo leitor em seus estudos sobre as características do tempo.

leandrobertoldo@ig.com.br

Quem Sou

Meu nome é Leandro Bertoldo. Sou o primeiro filho do casal José Bertoldo Sobrinho e Anita Leandro Bezerra. Do relacionamento dos meus pais também nasceu o meu irmão Francisco Leandro Bertoldo. Quando alcançamos a adolescência, nosso pai colocou-nos para trabalhar no Cartório do Distribuidor Judicial de Mogi das Cruzes. Ele via algo de desejável na estabilidade do serviço público.

Na minha infância fui estimulado pela vida de Isaac Newton e passei a ter um enorme interesse nas áreas das exatas. Aos 17 anos comecei a escrever algumas teses fundamentais nos campos da Física e da Matemática. Em 1979 matriculei-me na faculdade de Física e em 2000 na de Direito, ambas na Universidade de Mogi das Cruzes – UMC.

Em 1995 publiquei meu primeiro livro de Física, que foi um grande sucesso entre os professores universitários. Recebi várias cartas e telegramas de congratulações. O meu comprometimento com o Direito é resultado das minhas atividades trabalhistas junto ao Tribunal de Justiça do Estado de São Paulo.

Fui casado por duas vezes e tive uma maravilhosa filha do primeiro matrimônio chamada Beatriz Maciel Bertoldo, formada em Direito. Minha segunda esposa, Daisy Menezes Bertoldo, tem sido uma grande companheira e amiga inseparável de todas as horas.

Sou dono de quatro lindos cachorros. Todos eles são amorosos, carinhosos, doces e meigos. Seus maravilhosos nomes são: Fofa, Pitucha, Calma e Mimo. A minha grande dúvida é a seguinte: Sou dono deles ou eles são meus donos?

Durante minha carreira como cientista, contabilizei centenas de artigos e dezenas de livros, todos defendendo teses originais em Física e Matemática. Entre os livros que cheguei a publicar destacam-se: "Teoria Matemática e Mecânica do Dinamismo" (2002); "Teses da Física Clássica e Moderna" (2003); "Cálculo Seguimental" (2005); "Artigos Matemáticos" (2006) e "Geometria Leandroniana" (2007), os quais são objetos de discussões em vários grupos de pesquisas avançadas nas grandes universidades do país.

1

NOÇÃO DE TEMPO

1.1 INTRODUÇÃO

O tempo é imaterial demais para ser investigado por algum método cientifico atualmente existente. Ninguém sabe de que substância o tempo é constituído. Os pesquisadores conhecem apenas alguns de seus efeitos. Aquilo com que os filósofos e os cientistas lidam de fato é com o próprio comportamento do tempo, que é suficientemente sensível e elementar para ser observado pelos sentidos, registrado e caracterizado. Naturalmente, a ineficiência do método científico atual omite importantes qualidades e aspectos da estrutura e da natureza singular do tempo.

Desse modo, creio que a maneira mais racional de estudar o tempo é procurar classificá-lo a partir de determinados critérios que constituem seu comportamento.

1.2 DEFINIÇÃO

A noção de tempo é tão primordial quanto a filosofia pré-socrática. A eficácia da consciência lógica do tempo, eficácia tão sensível quando são revividas na sua originalidade real.

Heráclito de Éfeso foi o primeiro filosofo da antiguidade a proclamar o processo real do tempo em seus momentos abstratos.

Embora o tempo não tenha conteúdo claramente determinado, ele pode ser percebido intuitivamente. É a primeira intuição inteiramente abstrata do processo sensitivo do "passado", "presente" e "futuro". Logo o tempo é algo inteiramente sensível aos órgãos sensoriais do ser humano. A contemplação dessa mudança é a essência fundamental do tempo.

Aristóteles definia o tempo como "numeração do movimento segundo o antes e o depois".

Newton generalizava o conceito de tempo na seguinte concepção clássica: "O tempo absoluto, verdadeiro e matemático flui sempre igual por si mesmo e por sua natureza, sem relação com qualquer coisa externa".

Em geral, a noção de tempo deriva do conceito filosófico proveniente da sensação do antes, agora e do depois; do passado, do presente e do futuro; do ontem, hoje e do amanhã.

1.3 REALIDADE

No que se refere ao conhecimento teórico da realidade do tempo; isto é, no que se refere a um conhecimento que ultrapasse o alcance de uma simples descrição "o postulado da existência das coisas implica que o tempo tem existência real e efetiva".

Um fato que demonstra a existência do tempo é a razão de existir um intervalo que separa o "começo" e o "fim" das coisas; um intervalo que separa a origem do encerramento de um fenômeno, embora este esteja

LEANDRO BERTOLDO
Reflexão Sobre o Tempo

17

localizado numa mesma coordenada do espaço. A esse intervalo dá-se a denominação de "duração". Outra razão é a existência da sucessão dos fatos históricos localizados no tempo. A explicação dos fatos no tempo é consequência da existência real e efetiva da natureza do tempo. A existência do antes e o depois é uma consequência natural da existência daquilo que comumente é chamado de tempo. O tempo tem uma existência real e efetiva; caso contrario o antes e o depois não existiriam.

1.4 CONTEÚDO

O conteúdo do tempo não é caracterizado pela existência da matéria; pois, não ocupa lugar no espaço, não possui massa ou quaisquer outras qualidades inerentes à estrutura da matéria. O tempo parece existir independentemente da existência da matéria.

Embora a aquisição do conhecimento do conteúdo do tempo não seja perfeitamente determinada, ainda assim, o tempo pode, independentemente de qualquer experiência e puramente em si, ser percebido intuitivamente, portanto é algo sensível aos órgãos sensoriais. Cada instante só existe no momento presente, na medida em que exterminou o instante anterior do presente.

O tempo passado e futuro são nulos para o referencial presente, mas o presente é apenas o limite da realidade.

O tempo não é algo absolutamente imaginário ou alguma ilusão produzida pela mente humana, mas sim, real; não é constituído por algum elemento constituinte da matéria, mas é uma propriedade ou uma sequela da existência de algo infinito e eterno, que preenche todo o

Universo. O conteúdo do tempo não é material, não podendo, por conseguinte ser tangível pelo tato, pesado em balanças, ou ainda detido por alguma barreira material. Portanto, o tempo não é uma substância, mas, nos termos da filosofia natural, um "atributo".

1.5 DIVISIBILIDADE

A natureza constituinte do tempo é essencialmente indivisível. É uma contradição nos termos que seja dividido, porque seria necessário existir um intervalo entre os instantes que se supõem divididos e separados um do outro. Isso seria o mesmo que supor que no intervalo que separa dois instantes, o tempo não existe e, portanto o instante que vem depois deixa de existir porque está separado por um abismo. Logo o tempo é absolutamente indivisível, pois um instante antes não se separa de um instante posterior, a não ser por uma ordem de sucessões de instantes.

O tempo não é divisível e, portanto, não possui partes individuais em sua estrutura, porque suas supostas partes não são separáveis e não poderiam distanciar uma das outras. Mas isto não implica que não se pode indicá-las no tempo pelas linhas imaginárias que nele se pode traçar.

1.6 INFINITO

O que define a estática do tempo é o seu fluxo, enquanto este permanecer constante o tempo é absoluto.

A sequência dos instantes e a sua continuidade ocasionada pelo fluxo do tempo sugerem um tempo infinito, tanto a parte *"ante"* como a parte *"post"*, necessariamente e independentemente de qualquer circunstância exterior.

Em outras palavras, o tempo estático é infinito por sua própria natureza, não tendo origem ou fim, e se encontra intimamente presente em toda parte do universo, existindo eternamente e jamais poderá cessar de existir.

O tempo é computado pela soma dos módulos da unidade de tempo, formando uma quantidade a partir de um referencial arbitrário infinito, enquanto o tempo continua a ser computado pelas inúmeras adições de modulo de tempo. O que prova que o tempo não possui limite e, portanto é infinito.

O tempo é infinito, imutável e eterno, o que faz com que seja absoluto, o mesmo não se pode afirmar da duração ou dos instantes.

1.7 TEMPO ESTÁTICO E TEMPO DINÁMICO

De acordo com a Teoria da Relatividade restrita de Einstein, o fluxo do tempo diminui com o aumento da velocidade, isto equivale a afirmar que a duração do intervalo de uma unidade de tempo se dilata com a velocidade dos corpos.

Ou seja, a partir do momento em que o fluxo de tempo vai diminuindo, a unidade de tempo, por exemplo, a de um "segundo", vai fluir mais lentamente, o que faz com que a sua duração seja maior em relação à mesma unidade de tempo de um corpo em repouso absoluto.

E isto contraria totalmente a concepção newtoniana de tempo. Pois em vez do tempo ser absoluto passa a ser relativo, deixando de fluir uniformemente em unidades absolutas.

Para Newton o tempo não possui nenhuma relação com qualquer coisa externa. No entanto para Einstein o tempo depende da velocidade as quais os corpos são submetidos.

Em outras palavras: "Existe um tempo relativo e matemático, que escoa num fluxo variável, independentemente de sua natureza, estando na dependência do movimento dos corpos num espaço uniforme".

Porém, a variação relativa do tempo só apresenta uma apreciação sensivelmente considerável quando o móvel encontra-se viajando nas proximidades da velocidade da luz.

A 99,99% da velocidade da luz, o fluxo do tempo torna-se trinta vezes mais lento, o que faz com que a duração da unidade de tempo considerada, aumente trinta vezes mais, em relação à mesma unidade no tempo estático natural.

Observa-se que o tempo é relativo para os corpos que estão em movimento com velocidades próximas a da luz, ao passo que para os corpos que estão em repouso o tempo é absoluto. É também praticamente absoluto, para as velocidades elementares.

Portanto, o tempo dinâmico é relativo, ao passo que o tempo estático é absoluto.

Porém, enquanto a velocidade permanece constante, o fluxo do tempo permanece constante. Sob o aspecto desse referencial, ele é absoluto, mesmo aplicado ao tempo dinâmico. Pois o fluxo mantendo-se constante, mantém a unidade de tempo absoluta. Naturalmente que essa unidade adquire outra duração, mas ela é absoluta, enquanto o fluxo de tempo permanecer constante.

Com efeito, a teoria da relatividade mostra que o tempo, outrora definido como independente de qualquer circunstância exterior e absoluto em qualquer sistema de referência; como base de um sistema de unidades absolutas, na realidade é uma função da velocidade. O tempo é, pois, relativo ao deslocamento dos corpos. Mas isso não implica que não se possa definir o tempo estático, pois enquanto a unidade permanecer constante, o tempo é estático, mesmo que na velocidade da luz, essa unidade sofra uma dilatação, basta que ela permaneça constante para que o tempo seja estático.

1.8 TEMPO E ESPAÇO

Pela Teoria da Relatividade Geral o tempo está atrelado ao espaço, de tal forma que a distorção do espaço também resulta a distorção do tempo. Em torno de grandes centros gravitacionais, o espaço sofre uma deformação de tal modo que o tempo medido no interior dessa deformação é diferente do tempo medido fora dessa deformação espacial.

Ora se o tempo está atrelado ao espaço e flui no mundo da matéria e energia, isto parece indicar que o espaço está sofrendo um deslocamento, causando a sensação de tempo. Em outros termos o tempo é resultado do movimento do espaço.

Supondo que o espaço está num processo contínuo de movimento em todas as direções a consequência é que o tempo passa a ser visto como relativo para um corpo móvel. Isto ocorre porque o movimento do corpo passa a concorrer com o movimento do próprio espaço que deveria percorrer.

Considere o movimento relativo entre o espaço e um corpo móvel. Quando o móvel é tomado como referência ele permanece parado em relação a si mesmo. Nesse caso o espaço se afasta dele com certa velocidade relativa.

Caso o espaço e o corpo móvel mantenham constantes suas velocidades, pode-se concluir que um em relação ao outro executará um movimento relativo e uniforme, aproximando-se ou afastando-se um do outro com velocidade relativa de módulo constante. Supondo que o espaço está deslocando-se na velocidade da luz, então a velocidade máxima possível para um corpo móvel é a própria velocidade da luz, haja vista ser impossível um corpo percorrer espaço maior que seria possível existir.

Admitindo que o tempo esteja atrelado ao espaço e que a velocidade do espaço é a própria velocidade da luz, então um móvel na velocidade da luz terá tempo infinito.

1.9 CONCLUSÃO

O tempo está agora um pouco mais precisamente determinado, explicitado como processo real. Com efeito, o tempo não existe fora da natureza; é a consequência imediata e necessária de sua existência, sem as quais ela não seria eterna e presente em toda parte. A realidade do tempo não é uma simples suposição, demonstrada que foi pelos argumentos expostos no presente capítulo.

2

DEFINIÇÃO DE FLUXO
TEMPORAL

2.1 INTRODUÇÃO

O fluxo do tempo é uma propriedade da própria natureza do tempo. Todos os movimentos podem ser acelerados e retardados; porém, o fluxo do tempo estático é absoluto e constante, enquanto que no tempo dinâmico é relativo e variável.

Esse fluxo sofre variações altamente sensíveis quando os corpos se encontram próximos da velocidade da luz. No entanto, enquanto o fluxo do tempo permanecer constante, o tempo, de acordo com a definição, é estático e, portanto, clássico. O fluxo do tempo é como a correnteza de um rio, que flui placidamente através de uma ponte.

2.2 REALIDADE

Ainda que não se perceba o fluxo do tempo, esse fluxo não deixa de ser um estado real e concreto, produzindo efeitos reais e diferentes como a sucessão de um instante anterior a um posterior, originando o processo do antes e do depois, do passado e do futuro. E se ele parasse de repente, existiriam outros efeitos e o instante que viria depois deixaria de existir conjuntamente com todos os fenômenos. O mesmo se passaria com um fluxo imperceptível da natureza. Desse modo, o fluxo do tempo diminui consideravelmente para os corpos que se encontram próximos da velocidade da luz. A sucessão dos instantes é a maior prova da existência do fluxo do tempo; caso contrário não haveria a sucessão dos instantes, e o antes e o depois não teria existência real.

2.3 PROPRIEDADES

1ª. O escoamento do tempo estático é uniforme e, portanto o fluxo do referido tempo é absolutamente constante.

2ª. O escoamento do tempo dinâmico é variável e, portanto o fluxo do tempo dinâmico não é constante.

3ª. Os módulos de duração dos instantes permanecem absolutos e invariáveis, enquanto o fluxo do tempo permanece constante.

4ª. As unidades de duração dos instantes são relativas e variáveis somente se o fluxo do tempo variar; isto é, deixar de ser constante.

Assim, os instantes naturais escorrem em um fluxo contínuo e constante. Na hipótese desse fluxo deixar de ser constante, um intervalo de tempo escorrerá lentamente ou rapidamente, o que faz com que o modulo de tempo venha a adquirir uma duração maior ou menor, em relação ao fluxo do tempo natural. Caso o fluxo deixar de ser contínuo, os instantes não precederão um após outro, pois o fluxo do tempo escoa, pela dependência da continuação da existência do tempo, consistindo no que se poderia dizer numa produção contínua de instantes que se seguem numa sucessão sem fim.

No que se refere ao fluxo do tempo natural, que escorre continuamente, e aparentemente é independente de qualquer circunstância material externa.

2.4 EFEITOS

O efeito do fluxo no processo de tempo tem como referência predominante a duração dos instantes ou uma série de instantes numa sucessão.

A ordem desses instantes que se sucedem um após outro é o próprio tempo, pois esses instantes podem suceder-se um após outro, aceleradamente ou retardamente na mesma ordem de sucessão, dependendo exclusivamente da intensidade do fluxo do tempo.

Na velocidade da luz o fluxo do tempo diminui. Esse fenômeno físico faz com que uma unidade do tempo venha a fluir mais lentamente pelo presente. Comparando com a mesma unidade do tempo natural, aquela parece ter sido dilatada por causa do aumento de sua duração.

2.5 RELAÇÃO DO FLUXO E DA UNIDADE DE TEMPO

No tempo natural, fundamental representante do tempo estático, o fluxo em qualquer unidade de instante é absolutamente constante.

Assim, o fluxo de uma hora, de duas horas, dias, meses e assim por diante. Pois o fluxo não depende das convenções de unidades, mas sim da estrutura do próprio tempo.

$$\phi = K$$

2.6 CONCLUSÃO

Após ter considerado as propriedades, as causas e os efeitos do fluxo do tempo, essas considerações servem para fazer notar a diferença que existe entre fluxo absoluto do tempo estático e o fluxo dinâmico do tempo relativo. Com referência à duração do instante trata-se de um processo característico da intensidade do fluxo.

Quando o fluxo do tempo não é maior nem menor do que o fluxo do tempo natural, as durações dos instantes permanecem constantes e absolutas. A duração do instante decorre precisamente por aquilo que vale o natural. Com efeito, aquilo que é chamado em linguagem comum duração primária ou natural de qualquer instante não inclui a chamada dilatação do tempo que resulta da variação do fluxo do tempo, e se este completar a margem de duração de um instante natural estará, evidentemente, a escorrer em um fluxo de índice acima do normal; o mesmo instante primário poderia adquirir uma duração maior do que a natural. A sua dilatação é naturalmente originada pelo baixo índice do fluxo do tempo, em relação ao fluxo natural. Evidentemente, a variação do fluxo do tempo deve igualmente adiantar ou atrasar os corpos em relação ao tempo natural. Se não obtiver a variação do instante, pode afirmar-se que o fluxo é realmente igual ao natural.

Caso o fluxo que permite esta dilatação seja sempre menor que a do tempo natural; então se pode verificar que quanto maior for a dilatação do instante, menor será a intensidade do fluxo do tempo.

O fluxo a que o tempo é submetido é efetivamente a causa da passagem do tempo. Esse fluxo é denominado variação de fluxo temporal. Pode ser superior ($\phi > 1$), inferior ($\phi < 1$) ou exatamente igual à intensidade do seu fluxo natural ($\phi = 1$).

A variação do fluxo temporal de um dado instante é regulada pela proporção entre a variação da duração desse instante e a medida dessa nova duração pelo instante natural; ou seja, a totalidade da intensidade da dilatação do instante é calculada com base na medida da duração desse mesmo instante submetido ao fluxo natural.

LEANDRO BERTOLDO
Reflexão Sobre o Tempo

3

SOBRE A DURAÇÃO

3.1 INTRODUÇÃO

Sob a sua primeira forma, a noção do tempo deriva da apreciação quantitativa grosseira da duração. A duração pode ser irregular ou regular. A duração da vida é irregular; alguns vivem mais outro menos. A duração do movimento de rotação da Terra é regular; apresenta sempre o mesmo tempo em seu ciclo. Aprecia-se a duração pela demora do ciclo de algum fenômeno. Uma duração é tanto maior, quanto mais um fenômeno delongar no tempo. Desse modo, a noção primitiva do tempo concretiza através da própria duração sensível do fenômeno.

Do ponto de vista dinâmico e estático, o conceito animista da duração é primitivo; não é um conceito de aplicação geral como seria um conceito elaborado nos moldes cientifico e racionalista.

Examinando as primitivas utilizações da noção de tempo, compreender-se-ia melhor como evoluiu o conceito pré-científico do tempo.

3.2 DEFINIÇÃO

A duração assinala o início e o fim de um fenômeno. Ela é o intervalo de tempo considerado entre dois pontos quaisquer, no qual um fenômeno se inicia e se encerra.

Portanto, a duração é uma parte do tempo em que um fenômeno ocupa a sua existência, e, com relação ao tempo estático, é absoluto. Em outras palavras, a duração é uma parte do tempo limitada entre a origem e o fim do fenômeno, e não uma situação do fenômeno.

3.3 CARACTERISTICAS

1ª. A duração é finita, pois se limita entre a origem e o encerramento do fenômeno.

2ª. A duração é variável, pois os diferentes fenômenos podem possuir uma duração maior ou menor, variando unicamente com o delongamento do fenômeno. Assim, a duração do ciclo vital vária de indivíduo para indivíduo.

Com efeito, as durações dos fenômenos de mesma extensão são sempre iguais, embora a natureza do fenômeno possa ser diversa; por causa da dessemelhança entre os fenômenos, sua natureza não interessa na análise da duração, a não ser sua extensão em tempo, a qual costumeiramente é denominada por duração.

3.4 UNIDADE

A própria duração pode constituir uma unidade de tempo e também pode ser constituída por subunidades de outras durações.

Grosso modo, a média entre o ciclo vital dos indivíduos poderia constituir uma unidade mais ou menos regular. Desse modo, possuindo uma ideia referente à média do ciclo vital, pode-se ter uma noção do tempo decorrido, através do número de repetições do ciclo vital médio.

A duração de um dia é a extensão de tempo durante o qual o Sol se encontra acima da linha do horizonte visual;

e a sequência dos dias permite calcular o tempo decorrido em função do pôr do sol.

Uma das mais importantes unidades de tempo usadas pelo homem através da história e em qualquer estágio da civilização é o ano. O ano corresponde mais ou menos a uma translação completa da Terra em redor do Sol. Tomando o dia e o ano como unidade de tempo, devido à sua duração e a frequência regular de seus ciclos, adquire-se a ideia do tempo que decorre.

3.5 PROPRIEDADES

De maneira generalizada, a duração é uma extensão de tempo no qual um fenômeno preenche adequadamente. Isto não significa que o fenômeno enche a duração de forma tão completa que exclui inteiramente outros fenômenos como de fosse algo impenetrável; muito pelo contrário, a duração ou a extensão de um fenômeno no tempo, é comum para os mais diferentes fenômenos que se iniciam e se encerram conjuntamente. Em outras palavras, distintos fenômenos simultâneos, de mesma extensão, possuem uma e a mesma duração.

Quando os fenômenos possuem uma mesma extensão, quer sejam intensos ou lentos, ou até mesmo nulos, a duração se distingue pelas suas medidas sensíveis. Por meio da duração desses fenômenos torna-se possível deduzir uma equação do tempo.

Todavia, a duração poderia ser denominada como sendo uma extensão de tempo no qual um fenômeno está adequadamente distribuído. Desse modo o ciclo vital de todos os seres vivos é uma duração.

3.6 RELAÇÃO ENTRE O TEMPO E A DURAÇÃO

1ª. O tempo não se encontra limitado pela duração, mas existe igualmente nela e fora dela. Em outras palavras, o tempo não se encontra encerrado na duração do fenômeno, mas a duração estando no tempo infinito é limitada entre si mesma por seu próprio intervalo.

2ª. O intervalo de tempo no qual um fenômeno se encontra distribuído, é a própria duração desse fenômeno. Portanto a duração se inicia e se encerra com o fenômeno. Isto implica que a duração tem limites de origem e fim e, portanto, a duração não é eterna, mas isso não a impede que seja essencial à eternidade, constituindo a própria duração universal do tempo que é infinita.

3.7 TEMPO VERDADEIRO

Isaac Newton (1642-1727) costumava definir o tempo verdadeiro como aquele medido pelo movimento real da terra.

3.8 MEDIDAS

O tempo é certa medida sensível e externa da duração exata de certos fenômenos periódicos, como por exemplo, o movimento uniforme dos ponteiros do relógio, o qual vulgarmente se usa para representar a passagem do tempo, em vez do tempo verdadeiro.

4

PERÍODO

4.1 INTRODUÇÃO

Chama-se período, o tempo gasto para a realização do ciclo completo de um fenômeno.

O período é uma duração constituída por um parcelamento de instantes em unidades e subunidades de duração de outros fenômenos regulares. Dependendo das convenções um dado período pode constituir uma unidade, e também ser constituído por subunidades. Por exemplo, o movimento de translação da Terra constitui uma unidade (1 ano), mas ele mesmo também é medido por subunidade proveniente do movimento de rotação da Terra (365 dias).

Assim, o período marca através de índices de instantes, respectivamente, o início e o fim do ciclo de um fenômeno.

Através de medidas sensíveis de tempo, o movimento de rotação da Terra provoca a sucessão dos dias e das noites, verificando-se em um período de vinte e três horas, cinquenta e seis minutos e quatro segundos.

O tempo que a Terra leva para executar o seu movimento de translação em torno do Sol constitui o ano, que tomada como unidade de tempo é uma "duração", ao passo que o "período" de um ano é igual a trezentos e sessenta e cinco dias, cinco horas, quarenta e oito minutos e cinquenta segundos.

Em outras palavras o período é a medida da duração. Em geral, o período é constituído por módulos de duração, pois o ano é constituído por módulos de dias e este por módulos de horas. Disso se infere que o período é constituído por inúmeros módulos de instantes que tomado como unidade é computado a partir de um referencial e encerrado em outro, obedecendo todas as características da duração, com a exceção de ser computada.

4.2 CARACTERISTICAS

1ª. O período é um conjunto integrado de instantes, portanto o instante é um elemento do período. Isto implica que o período é um conjunto convexo, pois quaisquer que sejam os instantes t_1 e t_2, pertencentes ao período T, os instantes t_1 e t_2 estarão contidos no período T, constituindo-o.

T é convexo – V . t_1 . t_2 $\in$ T, ocorre t_1 . t_2 C T

2ª. Os períodos são organizados linearmente, isto é, numa sequência de começo e fim; assim, sempre que existe um período, existe também na duração desse período uma série de instantes que possuem uma duração conhecida, o que permite verificar e caracterizar a duração do período, pela soma dos instantes.

Desse modo, um enunciado matemático permite afirmar que o valor do período é igual à somatória dos instantes que constituem esse período.

Simbolicamente o referido enunciado é expresso pela seguinte igualdade:

$$T = \Sigma t$$

3ª. A contagem desses instantes é realizada através de medidas sensíveis, como a duração de determinados fenômenos regulares. Conhecendo-se a duração do fenômeno, seus ciclos permitem cronometrar a duração integral do período.

4ª. Considere uma extensão de tempo constituída por "n" instantes: t_1, t_2, t_3,..., t_{n-1}, t_n, ordenados adjacentemente como convém à característica do tempo, e os intervalos A_1A_2, A_2A_3,... A_{n-1}, A_n.

Chama-se período t_1, t_2, t_3,..., t_{n-1}, t_n, a duração constituída pelos "n" intervalos consecutivos A_1A_2, A_2A_3,..., A_{n-1} A_n.

Graficamente:

T_0	t_1	t_2	t_3...	t_{n-1}	t_n
A_1	A_2	A_3	....	A_{n-1}	A_n

Em linguagem de conjuntos:

Período t_1, t_2, t_3,... t_n = $A_1A_2 \cup A_2A_3 \cup ... \cup A_{n-1}$ A_n.

5ª. Chama-se período simples aquele em que não há a subunidade. Ou seja, período simples é constituído por uma única unidade absoluta; e o tempo é estático absoluto.

6ª. Os elementos de um período simples são os seguintes:

a) instantes: t_1, t_2, t_3,..., t_{n-1}, t_n

b) intervalo do módulo de duração: A_1A_2, A_2A_3,..., $A_{n-1}A_n$

c) período: $A_1A_2 + A_2A_3 + A_3A_4 +... + A_{n-1}A_n = T$

7ª. Chama-se período composto aquele que apresenta em sua constituição diversas subunidades.

4.3 INTERVALO

Intervalo é o instante intermediário entre o anterior e o posterior.

O intervalo não implica que o instante intermediário seja apenas uma unidade de tempo, mas pode ser constituído por um período intermediário entre dois instantes ou entre os dois outros períodos: o anterior e o posterior.

Genericamente, intervalo é o tempo limitado entre dois instantes. E esses dois instantes são chamados extremos do tempo e a este pertencem.

Graficamente:

A)

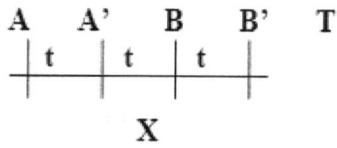

"X", é um intervalo de instante A'B.

B)

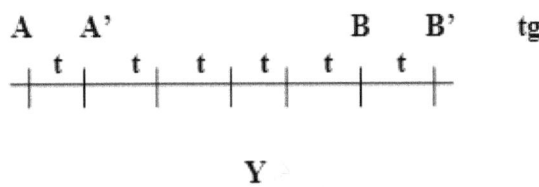

No referido gráfico verifica-se que o elemento "Y", é um intervalo de período que se estende de A'B'.

Sendo que AA' e BB' são os extremos do tempo onde o intervalo de tempo se estende de um instante anterior a outro posterior.

LEANDRO BERTOLDO
Reflexão Sobre o Tempo

5

INSTANTE

5.1 INTRODUÇÃO

Outro nível sobre o qual se pode estudar a noção do tempo que decorre, corresponde a um emprego cautelosamente empírico da duração como unidade; objetivando a uma determinação exata do tempo. O conceito está então ligado à utilização de um padrão como referencia fundamental.

Esse padrão é estabelecido através de medidas sensíveis, oriundas da duração uniforme do ciclo de determinados fenômenos regulares.

No que diz respeito ao antigo conceito de tempo, é evidente que a duração sensível dos fenômenos regulares é largamente utilizada antes mesmo de se conhecer a teoria da dilatação do tempo. Porém o mais adequado para medir convenientemente a variação de um padrão estático é ainda a aplicação de um padrão próprio com a natureza do tempo.

5.2 DEFINIÇÃO

Vários fatores se encontram relacionados com a definição de instante. E cada um desses itens será devidamente abordado no decorrer do presente tratado.

O padrão aplicado como unidade básica de medida de tempo denomina-se instante. E este é uma parcela ou fração do tempo.

Os instantes são módulos de tempo de fenômenos sensíveis regulares convencionados em unidades e como qualquer unidade é absoluta e invariável.

A denominação de instante é o nome genérico das diferentes unidades de tempo, como são os segundos, minutos, horas, etc.

Os instantes possuem todas as características da duração; porém, eles são convencionados em unidades métricas que possibilitam a medição escalar do tempo por intermédio de medidas sensíveis. Desse modo, a duração de determinados fenômenos regulares podem ser convencionados em módulos de tempo, de modo que a passagem do tempo passa a ser computada em função da duração do fenômeno sensível pelo seu ciclo. Assim, o instante é uma unidade de duração.

Evidentemente, a média da duração de cada pulsação fisiológica pode ser convencionada como sendo a unidade de segundo.

5.3 LEI MODULAR DO INSTANTE

O instante é um intervalo de tempo de duração absolutamente uniforme e indiscernível. Ao ser escalado em módulo, a duração de um instante "antes" não difere absolutamente em nada de outro "posterior". Porém, os diferentes instantes são realmente distintos um do outro, ainda que suas durações sejam perfeitamente semelhantes, pois um instante antes não é o mesmo instante posterior.

Caso a duração dos instantes tenha uma extensão limitada pelo próprio módulo dessa unidade, e escorre num fluxo contínuo pela ação da natureza; e, por conseguinte o argumento que baseio nesse fluxo é uma prova concludente de que, embora as durações dos instantes sejam perfeitamente semelhantes ou uniformes não deixam de ser mais do que um módulo do tempo. Contudo dois instantes não são um mesmo instante; não o são tampouco dois nomes de um só e mesmo instante. Isto vem a demonstrar que os instantes diferem apenas "solo número" (numericamente), pelo simples fato de serem mais de um; a isso os filósofos denominam de "princípio de individualização".

A transitividade do módulo de tempo implica que se a duração do instante "A" é igual à duração do instante "C"; (A = C), porque a duração do instante "A" é igual à duração do instante "B"; (A = B), é que algum caráter da duração se conserva do instante "A" ao instante "C". Por outro lado se o instante admite como necessárias à conservação de sua duração, "A = B" e "B = C", deduz-se delas que a duração do instante "A" é igual à duração do instante "C".

De forma que a primeira lei modular resultante da unidade do tempo implica que a duração do instante AB é absolutamente idêntica da duração do instante BC, isso implica que o módulo AB é igual ao dobro do módulo da duração AC, conforme mostra a abscissa, constituindo um período de dois instantes.

$$A \qquad B \qquad C$$
$$\vdash \quad \vdash \quad \dashv$$

AC = 2 . AB = T, ou então:
AC = 2 . BC = T

5.4 REALIDADE

A duração real dos instantes é efetiva e concreta. Cada instante é uma pequena parcela do tempo, exercendo todas as suas características elementares e complexas. Graças à efetividade concreta dos instantes é que se tornou possível uma aplicação dos conceitos mais simples como os que presidem a localização dos fatos históricos no tempo. As mesmas razões que faz com que o tempo seja real, também provam que os instantes são reais, porque entre eles – tempo e instante – a única diferença é que se estende a duração infinita do tempo e o limite da duração do instante. Sendo o tempo estático uma realidade absoluta, ele não é somente infinito, mas ainda imutável e eterno em cada instante.

5.5 INFINITO

Pelo fato do tempo ser infinito, ele é teoricamente constituído por infinitos instantes, que se propagam ao infinito.

Através da arte de medir a variação de tempo $(t_n - t_0)$ foram estabelecidas unidades para o tempo, com durações absolutas, tais como o segundo, o minuto, a hora, o ano, o século e assim por diante. Essas unidades são denominadas por instantes.

Para computar a variação de tempo, basta atribuir um ponto de referência, a partir do qual se podem verificar quantas vezes a duração do instante se encontra repetido naquele intervalo, o que constitui o período. Pelo fato de poder repetir ou duplicar, triplicar qualquer unidade do tempo e de somá-la à anterior tantas vezes quanto necessário, sem jamais chegar a um limite, implica que o tempo é infinito, e sendo infinito é constituído por uma infinidade de instantes. Desse modo as unidades de tempo podem ser somadas, multiplicadas "in infinitun".

5.6 PROPRIEDADES

1ª. Atribuem-se instantes ao tempo. Isto não significa que sejam separáveis um do outro, pois o tempo não possui partes divisíveis. Apenas quer dizer que o tempo matemático se compõe de módulos e não de partes do tempo; com isso o instante representa a unidade fundamental que compõe a variação do tempo. Devido ao fato de ser medido com um padrão da própria natureza do tempo, através de medidas sensíveis de algum fenômeno regular, conclui-se que, esses instantes, são essencialmente simples e numa mesma unidade são absolutamente indivisíveis.

Genericamente, "os instantes são absolutamente inseparáveis um do outro, a não ser por uma ordem de sucessão".

2ª. Uma propriedade vizinha da anterior implica que não se atinge um determinado grau de instante, sem passar pelos instantes interpostos em sua ordem. Pois o período não é senão uma ordem de instantes intercalados um após outro em sua sucessão. De modo que o tempo segue-se em relação à sequência dos instantes, ou seja, os instantes posteriores seguem a partir do instante anterior intercalados, um após outro. O que permite concluir que o tempo é uma seriação de instantes, em uma ordem de sucessão constante, de forma que o encaixe dos instantes está ordenado numa sucessão ABC... N.

Assim, para atingir determinado estágio no tempo é absolutamente necessário ter passado pelos instantes demarques preliminares, o que permite progredir cada vez mais, até atingir o almejado grau.

5.7 ASSOCIAÇÃO DOS INSTANTES

Todos os instantes na natureza se encontram ligados, um ao outro, de um só modo. Constituindo o que se denomina associação de instantes. Na estrutura da natureza do tempo existe apenas um único tipo de associação de instante – SÉRIE – cujas características estão especificadas a seguir: considere três instantes de durações iguais a t_1, t_2 e t_3, ligados conforme o esquema que se segue:

1ª. Os pontos A e B, com a unidade de tempo, constituem o período. Esse período não se encontra fragmentado em instantes que interrompam sua duração, muito pelo contrário, o tempo é contínuo e as unidades do tempo seguem uma após outra, como um total.

2ª. O cálculo desse período, constituído pela associação dos instantes pode sempre ser substituído por apenas uma duração equivalente à duração dos três instantes em série chamadas de período, desde que a duração do período não altere a duração igual à soma da duração dos instantes associados.

$$T = t_1 + t_2 + t_3$$

Genericamente a referida expressão, obtém-se que:

$$T = t_1 + t_2 + ... + t_n$$

Porém, devido à uniformidade da duração dos instantes, pode-se escrever que:

$$T = 3 \cdot t$$

Ou de forma genérica, pode-se escrever que:

$$T = n \cdot t$$

5.8 PROCESSO ERACLITIANO

No tempo matemático estão os instantes, que quanto menor for a sua unidade de duração, mais rapidamente desaparecem do presente, o que vem a sugerir a realidade do fluxo do tempo. Ele é um processo real, e sua realidade é o processo pelo qual os instantes momentâneos são determinados mais exatamente e concretamente. O tempo enquanto instante é mudança, sucessão de instante para instante, com o tempo eternamente fluindo.

A definição do processo Eraclitiano implica que a duração do instante tem caráter temporário, cunho eminentemente transitório. Cessando a duração de um instante, instantaneamente inicia-se a duração de outro, todos numa sequência sucessiva e infinita.

5.9 SUBUNIDADES

O tempo é medido em escalas métricas que são baseados em determinada duração convencionada em módulos de dimensões e valores absolutos. De maneira que a quantidade de tempo decorrido ou a variação de tempo fluindo é medido com um padrão próprio da natureza temporal. Enquanto o período tem sempre caráter supradurável, o instante possui caráter eminentemente durável. Ele compreende um intervalo de tempo com uma duração delimitada por medidas sensíveis do ciclo regular de alguns fenômenos. Cada instante é subdividido ao infinito, originando as denominadas subunidades de tempo.

O tempo, por sua própria natureza, é infinito e se compõe de instantes com uma duração finita, os quais se dividem e subdividem em determinados intervalos do tempo. Isto levaria a divisão e a subdivisão do tempo ao infinito. Matematicamente é impossível chegar a partes perfeitamente indivisíveis.

O tempo é dividido em intervalos de instantes que possuem uma maior ou menor duração de acordo unidade adotada, que em si mesma é absoluta e invariável. Portanto, pode-se concluir que para efeito da contagem do tempo estático, a duração de cada instante é invariável. Que o tempo não é computado jamais, senão em instantes.

Cabe aqui salientar alguns exemplos mais comuns de instantes: em termos absolutos os dias não podem ser considerados como instantes, devido a sua desigualdade resultante das diferentes posições da terra, em relação à estrela solar, afetados pela inclinação do eixo terrestre e o movimento de translação, o que faz com que a duração dos dias não seja perfeitamente exata.

A hora é uma unidade de tempo absoluta e, portanto é um instante, na verdadeira acepção da palavra. Os antigos dividiram a hora em sessenta pequenas partes, ou minutos (do latim "minutus", pequeno). Com o decorrer do tempo e refinamento das observações científicas tornou-se necessária uma exatidão ainda maior, pelo que se acrescentou a divisão do minuto em sessenta "segundos", em virtude de se tratar de uma segunda divisão da hora.

O "segundo" é a unidade de tempo mais utilizada na física, e é encontrado em qualquer sistema de unidade clássica, e por essa razão pode ser considerada como o "instante universal".

A unidade de instante mais comum são as seguintes: Define-se o minuto como sendo 1/60 de uma hora. Os submúltiplos do minuto é o segundo, o centésimo, o milésimo e outras.

1h - representação de uma hora;

1/60 = 1' - representação de um minuto;

1/3600 = 1'/60 = 1'' - representação de um segundo.

Nota-se que os submúltiplos da hora não seguem o sistema de numeração decimal; trata-se de numeração em base 60, pois 1 = 60' e 1' = 60''.

Normalmente as unidades de tempo são representadas abreviadamente. Assim, tem-se que: t = instante; T = período; Δ = variação; h = hora; min = minuto; s = segundo; $\Delta t = t_n - t_0$ = variação de tempo.

O número de subunidades de instantes intercalados numa unidade de instante constitui um período. Porém, devido ao fato das subunidades constituírem outra unidade, esse período de unidade recebe de outra unidade a denominação de "frequência instante" (fi). Assim, a frequência instante de um minuto é igual a sessenta segundos por minuto. Simbolicamente pode-se escrever que:

$$fi = 60s/min$$

5.10 CARACTERÍSTICAS

No tempo, os instantes são limitados em intervalos, porém a divisão desses módulos não é uma propriedade da natureza do tempo, e isso implica que o instante não é uma parte do tempo como se ele fosse divisível finitamente. Mas são apenas módulos com todas as características do tempo; ou melhor, o tempo é dividido em módulos de duração arbitrária.

Com isso, o módulo de duração do instante é atribuído empiricamente de acorde com uma escala qualquer, que ao ser convencionado em unidade, se torna absoluto, com isso, a duração do instante não é mais que um fato contingente, constatado empiricamente.

Devido à escolha empírica da unidade de tempo, ela poderia ter uma duração maior ou menor e, entretanto a ordem dos instantes não deixa de ser a mesma.

A importância do instante é caracterizada pela sua aplicação em diferentes ramos da ciência.

1º. Somente com a definição do instante, é que se tornou possível a localização dos fatos no tempo, quanto à ordem da sucessão, seja um fato histórico ou não.

2º. Tornou possível a determinação da quantidade ou cronometragem do tempo decorrido ou que decorrerá.

3º. Tornou possível medir a duração dos fenômenos, constituindo o período, que tem grande importância na Física.

Portanto, generalizando essas concepções, pode-se estabelecer a seguinte definição:

"O tempo computado é matemático e não existe jamais senão em intervalos de instantes; com duração estabelecida empiricamente."

5.11 INSTANTE ABSOLUTO

A duração de um instante anterior não difere em nada da duração de outro posterior; este conceito é que define a congruência entre os instantes.

Dois ou mais instantes, são chamados congruentes se, e somente se, existir uma correspondência bijetora entre seus intervalos, de modo que a duração dos instantes em relação a outro, sejam iguais. Em outros termos, a duração de dois ou mais instantes são congruentes quando a duração entre ambos for idêntica e, portanto são absolutas.

O instante constitui uma unidade absoluta é invariável somente em sua duração; pois, compõe-se de um conglomerado de subunidades.

Desse modo, pode-se afirmar que o instante é absoluto, enquanto existir uma congruência entre as durações dos instantes.

De forma que um encaixe dos intervalos tal que, para o instante ordenado ABC, a duração do instante AB seja igual à BC e AB é um módulo de tempo muito mais curto de que a duração AC.

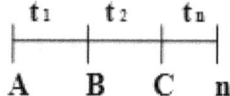

Sendo o instante absolutamente uniforme, isto implica que a duração do módulo AB é igual à duração do módulo BC; simbolicamente, posso escrever que:

$$AB = BC$$

Ou seja:

$$t_1 = t_2 = ... = t_n$$

Isto possibilita verificar que as durações dos instantes possuem a mesma medida e são absolutos. Tal fato permite concluir que os instantes são congruentes. Para indicar que os instantes são congruentes, posso escrever da seguinte maneira: AB ≈ BC.

Isto equivale a afirmar que a razão entre o módulo AB, pelo módulo BC, tem como resultado a constante numérica de índice "um"; ao passo que a diferença entre o módulo AB pelo módulo BC é igual a "zero"; ou seja, é nulo. As referidas leis a respeito da uniformidade dos instantes levam à conclusão de que a soma entre o módulo AB com o módulo BC, é igual ao dobro de um dos módulos tomado como unidade; ou em outros termos, é igual ao dobro do módulo AB ou igual ao dobro do módulo BC.

5.12 PROPOSIÇÕES PRIMITIVAS SOBRE O TEMPO

Estabelecidas as primeiras leis matemáticas que regem os instantes, nada mais lógico do que evidenciar um estudo dos principais postulados que compõem esses módulos. É absolutamente necessário entender e saber representar graficamente certas propriedades do tempo matemático. Essas propriedades que seguem com destaque, são as chamadas proposições primitivas.

a) Parágrafo Primeiro

Pela razão dos instantes que pertencerem a um mesmo tempo, sucedendo um após outro, eles são colineares.

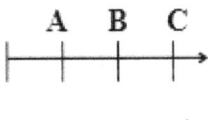

Os instantes AB, BC são colineares.

b) Parágrafo Segundo

Por sua própria natureza os instantes são consecutivos, pois possuem uma extremidade em comum e nenhum instante em comum.

A   B   C   D   E

Os instantes AB, BC, CD, DE, são consecutivos.

c) Parágrafo Terceiro

Sintetizando os dois primeiros parágrafos, concluí-se um terceiro.

Genericamente os instantes são adjacentes, pois se apresentam "consecutivos" e "colineares".

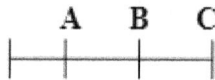

5.13 RAZÃO ENTRE PERÍODO E INSTANTE

Denomina-se razão entre o período e o instante, a razão entre a medida de suas durações numa mesma unidade de tempo.

Portanto, para maior compreensão, considere o instante AB e o período CD, conforme o esquema indicado na seguinte figura:

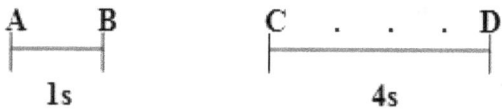

A duração do instante AB é igual a um segundo e a duração do período CD é de quatro segundo.

Afirma-se, então, que a razão entre o instante AB e o período CD é o numero racional 1/4 e indica-se por:

AB/CD = 1/4

Genericamente é o instante inverso pelo período; que simbolicamente é representado por:

AB/CD = t/T

Considere agora o período MN e o período XY.

$$\underset{2s}{\underline{M \; . \; N}} \qquad \underset{8s}{\underline{X \; . \; . \; . \; . \; . \; . \; Y}}$$

Nesse caso, o período MN, divide o período XY na razão quatro; ou seja:

XY/MN = 8/2 = 4

Genericamente, o período inverso por período é representado simbolicamente por:

MN/XY = T'/T

Deduções matemáticas elementares.

A razão indica quantas vezes a unidade de tempo se encontra repetida no período. Ou, quantas vezes um determinado período se encontra repetido em outro.

Quando a razão entre o período e o instante é um número racional, diz-se que esse período e esse instante são comensuráveis; isto é, admitem uma unidade comum.

Se a referida razão tem como resultado um número irracional, diz-se que esse período e esse instante são incomensuráveis; isto é, não admitem uma unidade comum.

5.14 SUCESSÃO

a) Definição Preliminar

O tempo é fundamentalmente constituído por uma transição de instantes ligados um após outro: a sequência. A sequência de um determinado instante é aquele que segue esse. Assim, a sequência do instante t_1 é o instante t_2; e a sequência do instante t_2 é o instante t_3, e assim continuamente. Uma série gradativa de instantes que vão fluindo numa mesma sequência – um após outro – é o que constitui genericamente a definição de sucessão.

b) Noção de Sucessão

A noção de sucessão de instantes origina-se da sequência desses instantes precedendo um após outro; ou seja, o estado do instante em um determinado nível e a passagem de um nível ao seguinte, constituindo a sucessão dos instantes.

5.15 ASPECTO TEMPORAL

O fator envolvido nos diversos aspectos relacionados às características e propriedades do instante é o fluxo de tempo.

Para completar o presente estudo, passo a examinar a relação entre o fluxo e os instantes.

Com relação à explicação da sucessão dos instantes, é devido ao fluxo do tempo que escoa pelo presente, constituindo por consequência a sequência dos instantes intercalados um após outro, segundo o principio das proximidades. Desse modo os instantes fluem e se constituem no tempo como um todo.

A cronometragem do tempo só tornou-se possível, quando se considerou a definição dos instantes, cuja medida em que progridem em sua sequência natural, o intervalo que separa o momento inicial do momento presente, aumenta progressivamente. Devido ao fato do fluxo de tempo ser contínuo, isto implica que a sucessão dos instantes é contínua e transita do futuro para o presente rumo ao passado.

Enquanto o tempo está fluindo, os instantes se sucedem um precedendo o outro, pois um instante antes não se separa de um posterior, a não ser pela sua ordem de sucessões. E, se os instantes mudam de situação entre si, é porque então se reconhece o fluxo do tempo, consistindo na ordem das relações dos instantes que mudam. Um instante anterior é uma simples mudança relativa da situação em relação a outro instante.

O instante é representado simbolicamente pelo trajeto AB, ele é um intervalo de tempo com uma duração parcial conhecida e convencionada em unidades absolutas. A coordenação dos instantes AB, BC, CD pode atingir a estrutura de um período, na medida em que a passagem de cada instante ao seguinte é orientada pelo reconhecimento de índices.

A noção necessariamente sensível do tempo, à que se pretende reduzir os instantes a uma série de leituras de índices perceptivos, cuja sucessão assegura a ligação desses instantes. De fato, a objetividade da verificação numa leitura de índice designa como objetivo o tempo que se verifica; tais que os esquemas imanentes ao instante são transformados em conceitos móveis suscetíveis de ultrapassar o momento presente, a isso se identificam o celebre fluxo do tempo. A disposição dos instantes em sua sequência vem a constituir a ordem. E uma ordem indicada, concluí um estágio de evolução.

A razão de atribuir aos instantes índices perceptíveis é porque a ordem dos instantes é precária, pois a única distinção entre os instantes se subsiste no fato de serem mais de um. Na total ausência de qualidades distintas entre os instantes, eles são indiscerníveis, diferenciando-se apenas numericamente, de forma que uma ordem resultante de qualquer sequência entre os instantes implica que ela será a mesma; ou seja, qualquer que seja a classificação dos instantes, sua ordem não se modifica em nada, portanto os instantes são equivalentes um ao outro.

De forma que uma lei resultante da ordem dos instantes implica que tais instantes encontram-se encaixados uns após outros, de tal modo que os instantes estão ordenados com um mesmo módulo de duração, diferenciando apenas pelos índices numéricos.

$$t_1, t_2, t_3, ..., t_{n-1}, t_n$$

De resto o instante é tão real quanto o tempo e segue uma ordem e arranjo de instantes semelhantes, em outras palavras, o tempo é uma seriação de instantes intercalados e ligados um após outro, segundo uma ordem precária de sua própria natureza.

O próprio período é constituído por uma série de instantes intermediários que são computados a partir de um ponto inicial e encerrando-se em outro, de forma que um se distância temporalmente do outro pela sua ordem. Com isso o tempo se compõe de instantes numa certa ordem, na sequência de sua sucessão, e tudo que segue uma ordem segue uma continuidade. As leis da continuidade propostas por Leibniz e aplicadas ao tempo implicam que os instantes não deixam vazios na ordem que seguem. No que tange à conexão gradual, o tempo procede por graus de instantes, e não em saltos, sendo que estas regras a respeito da transição dos instantes constituem uma parte das leis que regem a continuidade do tempo estático em seus módulos absolutos.

Essa correspondência entre um instante posterior e um anterior é o efeito ou a consequência da existência de infinitos instantes escorrendo em um fluxo uniforme e contínuo, constituindo a sucessão, de maneira que o instante seguinte é uma sequência do precedente.

Sendo assim, o tempo está vinculado a uma seriação de instantes, segundo uma relação ou ordem na sequência de sua sucessão.

Dessa maneira, o tempo estático pode ser definido como sendo uma sequência de instantes, determinada pelo fluxo do tempo. De forma que a duração do instante (t_1) é constante, enquanto o fluxo do tempo for uniforme. Se o fluxo aumentar, a duração do instante (t_1) diminui, e se esse fluxo diminuir o instante (t_1) adquire uma duração maior, pois passa a escorrer mais lentamente. Na natureza, o tempo se encontra em um fluxo contínuo e constante, o que torna uniforme a duração dos instantes, entretanto a duração do instante pode ser maior ou menor, que a ordem não deixa de ser a mesma, dependendo exclusivamente do módulo de tempo que se considera.

LEANDRO BERTOLDO
Reflexão Sobre o Tempo

6

EXTENSÃO DO TEMPO

6.1 INTRODUÇÃO

O tempo é matematicamente constituído por uma relação de instantes e, estes, por sua própria natureza seguem uma situação e ordem. Os instantes em sua ordem são numeráveis; ou seja, os instantes em sua sequência são reduzidos a uma série de índices, e isto significa que o tempo pode ser computado pela somatória das unidades de durações. Dessa maneira, adquire-se a noção exata do tempo decorrido.

6.2 REFERÊNCIAL

O tempo somente pode ser cronometrado, quando se considera um instante arbitrário, no qual teria início a contagem do tempo. A partir desse momento pode-se medir a variação de tempo, em qualquer escala de instante. Por ter como referência um ponto inicial do processo de cronometragem, a estrutura do tempo pressupõe, em geral, um modo dinâmico; ou seja, as quantidades do conteúdo dos instantes concentram-se na extensão do tempo enquanto se desenrolam.

Genericamente, o instante arbitrário é o instante inicial no qual a contagem do tempo tem início, isto implica que nesse instante inicial (**t** = **0**), o tempo matemático é nulo.

O estudo da extensão do tempo é necessário, pois o valor total, da duração do tempo natural em quantidades de instantes nunca será medido, pois o tempo é infinito, tanto no princípio quanto no fim. Porém, matematicamente, o tempo somente pode ser computado a partir de um referencial fixado arbitrariamente. Isto implica que a cronometragem do tempo possui uma origem e não tem um fim, necessariamente; logo, a extensão do tempo compõe-se de instantes a partir do seu ponto inicial.

6.3 VARIAÇÃO DE TEMPO

A contagem da extensão do tempo, a partir de um dado referencial, origina o que universalmente é denominado por variação de tempo (**Δt**), e indica quantas vezes a duração do instante se encontra contido na duração de tempo expressa na unidade de instante.

Por sua própria natureza, os instantes se encontram organizados em uma sequência. O tempo não é nada mais, senão a ordem dos instantes intercalados numa sequência, constituindo uma verdadeira quantidade e conjuntamente com a sucessão dos instantes – oriundos do fluxo do tempo – constitui o que se denomina variação de tempo (**Δt**).

6.4 QUANTIDADE

O tempo não é computado jamais, senão em instantes, que convencionalmente são empregados como balizas, com o qual se pode verificar a duração da extensão de tempo, pela soma desses instantes, que podem possuir um módulo de duração maior ou menor, de acordo com a escala de instante que se emprega. Essa soma constitui uma quantidade de instantes, dispostos numa certa sequência, constituindo um conjunto ordenado de instante. De maneira que não se concebe o tempo, senão pela ordem de quantidade da sequência dos instantes. E, possuindo uma ordem, reciprocamente, possui uma quantidade, pois existe na ordem lógica alguma coisa que precede e alguma coisa que segue. De forma que a variação de tempo é constituída através de uma situação e ordem dos instantes em sua sucessão.

Realmente tudo o que precede ao que segue, constitui uma ordem e situação.

As razões são proporções de quantidades, por conseguinte, o tempo pode possuir também a sua, ainda que não passe de relações. De forma que os instantes são proporções da extensão de tempo.

6.5 CRONOMETRAGEM

A computação do tempo é denominada cronometragem. Os instantes tomados em conjunto, constituem a extensão do tempo matemático, que é computado a partir de um referencial arbitrário.

Sendo a variação de tempo, constituída por uma quantidade de instantes computados a partir de um referencial arbitrário, ela só tende a aumentar sempre e continuamente graças à adição de instantes, como se procede com qualquer outra forma de quantidade.

A sucessão dos instantes a partir de um referencial constitui a extensão de tempo que será computada pela soma de todos os intervalos de instantes; então; se verifica a variação de tempo.

Em outras palavras, quando se mede a extensão de tempo, o homem está simplesmente comparando quantas vezes a duração dessa extensão é maior que a duração da unidade de instante, cujo valor numérico arbitrário indica uma quantidade de instantes que se denomina variação de tempo.

Uma proporção de instantes duplicada ou triplicada, não designa uma quantidade dupla ou tripla de proporção; marca apenas quantas vezes a proporção de instantes se encontra repetida na extensão de tempo, cuja variação possui a natureza das quantidades absolutas, com as quais convém a proporção.

6.6 DISTRIBUIÇÃO ENTRE O TEMPO ESTÁTICO ABSOLUTO E RELATIVO

O tempo estático é classificado quanto aos instantes, e pode ser absoluto ou relativo.

O tempo estático é absoluto, quando sua variação for cronometrada em módulos de instantes com uma duração constante. Ao passo que, o tempo estático é relativo, quando sua variação é computada em módulos de instantes com durações desiguais.

Em termos matemáticos pode-se afirmar que o tempo estático absoluto, é aquele que possui em sua extensão "instantes congruentes". Assim, o período que se estende de A B, implica que $t_1 \equiv t_2 \equiv t_3$:

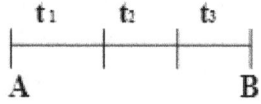

LEANDRO BERTOLDO
Reflexão Sobre o Tempo

O tempo estático relativo ocorre quando os instantes não possuem unidades de instantes congruentes. Isto implica que o período AB apresenta unidade de tempo de diversas durações:

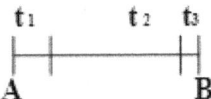

Portanto, posso escrever que: $t_1 \neq t_2 \neq t_3$. Dessa maneira o tempo estático absoluto distingue-se do relativo na astronomia pela equação do tempo vulgar. De fato, o mais antigo conceito de tempo baseou-se no dia e estava diretamente relacionado com a posição do Sol; porém, os dias naturais, que vulgarmente se consideram iguais para medida do tempo, são na realidade desiguais, pois o período de tempo entre o nascer e o pôr do sol não é constante. As desigualdades entre os dias e as noites resultam das mais diferentes posições do planeta Terra em relação à estrela solar, ditada pela inclinação do eixo terrestre e pelo movimento de translação. Essa desigualdade é corrigida pelos astrônomos, para medirem os movimentos dos corpos celestes por meio de um tempo mais exato, deduzido por meio de uma equação astronômica. A necessidade, porém, dessa equação para determinar a duração e constituir relógio oscilatório, como também pelos eclipses dos satélites de Júpiter. Assim a ordem dos instantes é imutável.

6.7 CLASSIFICAÇÃO DA CONTAGEM DO TEMPO

A contagem do tempo se encontra dividida em duas categorias elementares; a saber:

a) Progressiva,
b) Regressiva.

Na contagem progressiva os índices dos módulos de tempo, aumentam a cada intervalo. Enquanto que na contagem regressiva, os índices dos módulos de tempo, decrescem a cada intervalo, tendendo a zero. Portanto, a contagem regressiva constitui um período; enquanto que a contagem progressiva lança-se ao infinito, a partir de um ponto inicial arbitrário.

6.8 REPRESENTAÇÃO ESQUEMATICA DO SENTIDO DA VARIAÇÃO DO TEMPO

No presente estudo é muito comum a utilização de recursos gráficos, o que permite visualizar o raciocínio da natureza matemática do tempo.

Os fatos localizam-se no tempo quanto à ordem de sucessão. Da essência deles é serem instantes. Eis, portanto, os instantes absolutos. Contudo, como esses instantes não podem ser vistos e distinguidos uns dos outros, pelos sentidos fundamentais, usa-se em lugar deles as medidas sensíveis da duração da frequência periódica de certos fenômenos. Com efeito, defini-se a variação de tempo pela computagem dos instantes com relação a um determinado ponto inicial, que se considera fixo; a seguir passa se a calcular a variação do tempo pela cronometragem dos instantes que se seguem relativamente ao ponto inicial, enquanto concebe-se o fluxo do tempo escorrendo por esse ponto fixo.

É devido ao fluxo de tempo, que os instantes apresentam-se numa sucessão que se faz do futuro para o passado. Consequentemente, devido a explicação da terceira lei de Newton, tem-se a impressão de que são as coisas que fluem do passado para o futuro, mas na realidade é simplesmente um efeito do tempo decorrendo pelo presente, ou melhor, o tempo fluí do futuro rumo ao passado. Portanto, não são as coisas que se deslocam do passado rumo ao futuro.

E quando se passa a computar a variação do tempo com qualquer cronometro, o ponto inicial se distância cada vez mais do presente escorrendo para o passado. Em termos absolutos, não são as coisas que fluem pelo tempo; mas sim, o tempo é quem decorre, e isto implica que seu fluxo se faz rumo ao passado.

Costumo comparar o tempo com um imenso rio, cujas correntezas deslocam uma folha, enquanto que um referencial fixo à sua margem observa essa folha, aproximar-se, passar e distanciar-se. Analogamente, vamos supor que alguém almeje cronometrar o tempo num período que quatro segundos. Logicamente para iniciar a cronometragem é necessário admitir um referencial inicial arbitrário. Então, escorre pelo presente o primeiro instante, o segundo, o terceiro e o quarto. Isto permite observar que o ponto inicial de computagem foi distanciando-se do presente, de acordo com a sequência dos instantes, rumo ao passado.

Caso os fatos, as coisas, os objetos encontram-se em repouso, e a sucessão dos instantes continua em sua sequência; então somente pode ser o fluxo do tempo que escoa. Mas isto não implica que esse fluxo não sofra influência da velocidade dos corpos.

Pela terceira lei de Newton, pode-se concluir, que à medida que o tempo flui pelo presente, os fatos e os objetos se distanciam cada vez mais do ponto referencial, onde a cronometragem do tempo teve origem; ao passo que o tempo, a partir do ponto inicial, aumenta numa progressão.

Isto de forma alguma significa que são as coisas que fluem pelo tempo, mas sim o tempo.

A variação do tempo segue uma ordem e situação, o que torna possível localizar os instantes que compõem essa variação de tempo num eixo. Ou seja, podemos comparar as diferentes partes do tempo sucessivo com os instantes representados em uma abscissa.

A representação gráfica da variação de tempo é simplesmente constituída por uma reta.

O próximo esquema representa alguns instantes sobre um eixo interpretando os instantes iniciais da cronometragem do tempo. O t_0 é o primeiro ponto inicial, origem da cronometragem $t = 0$; p_1 é um ponto referencial, no qual se pode limitar a cronometragem do tempo.

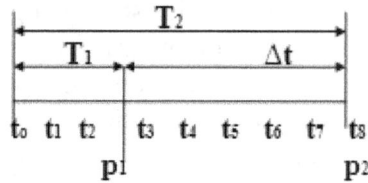

A variação correspondente ao tempo é dada pela seguinte expressão:

$$\Delta t = T_2 - T_1$$

Pois se sabe que a variação de tempo é a diferença entre um valor posterior e um valor anterior da mesma grandeza "tempo".

Analisando melhor o gráfico anterior, pode-se verificar que o intervalo de tempo que se estende de t_0 p_2, ponto inicial da cronometragem (t_0), até (p_2), constitui um período integral. E, portanto a variação de tempo é igual ao

LEANDRO BERTOLDO
Reflexão Sobre o Tempo

período pela diferença do ponto referencial p_1, localizado em determinado intervalo de instante:

$$\Delta t = Ti - p_1$$

Pelo exemplo anterior, pode-se afirmar que o período integral é igual a oito durações de instante. Se o ponto referencial se localizar na terceira duração de instante, aplicando a última lei, pode-se verificar que a variação de tempo a partir do ponto referencial é de cinco instantes.

6.9 PROGRESSÃO DO TEMPO

Qualquer unidade de tempo, independentemente da duração de seu intervalo, denomina-se instante.

A variação do tempo é um suceder contínuo de instantes, que são cronometrados a partir de um referencial arbitrário constituindo uma quantidade de instantes que seguem uma situação e ordem. Porém, a ordem possui também sua quantidade; ou seja, o que precede e o que se segue a intervalos. As coisas relativas e absolutas possuem sua quantidade.

As razões ou proporções na matemática possuem sua quantidade que se medem pelos logaritmos, entretanto não passam de relações. Assim, embora a variação de tempo consista numa relação de instantes, o tempo não deixa de possuir a sua quantidade.

O tempo estático é absoluto e se concebe somente pela ordem de quantidade de suas mudanças sucessivas de instantes antes e depois.

Matematicamente pode-se considerar o período como um conjunto de instantes, portanto o instante é um elemento do período, colocados ou dispostos em certa ordem, portanto constituindo o que se chama uma sucessão ou sequência.

Assim, um instante posterior é a sucessão de um instante anterior. Deve-se observar nesse conjunto o período, que importa quais termos comparecem e também a ordem que esses instantes se encontram dispostos pela natureza.

Anotando-se os números dos instantes, do início para o fim de um período ou extensão de tempo, ter-se-á uma sequência de instantes, fluindo sempre em uma progressão aritmética.

Se representar por t_1 o primeiro instante, por t_2 o segundo instante e assim sucessivamente; isto é, se representar por t_n o enésimo instante, ter-se-á a seguinte sequência de instantes:

$$(t_1, t_2, t_3, ..., t_{n-1}, t_n)$$

Como a variação de tempo é constituída por uma sequência de instantes em sua sucessão, logicamente, o tempo matemático trata-se de uma progressão. Como a duração dos instantes são uniformes e absolutas, intercaladas cresce em uma progressão aritmética.

Genericamente, denomina-se progressão aritmética do tempo uma sequência de instantes em que a diferença entre cada um deles, a partir do segundo e o seu antecessor é constante.

Essa diferença uniforme é chamada por: "razão da progressão aritmética".

Dessa maneira, a variação de tempo na abscissa passa a ser representada da seguinte maneira:

69

LEANDRO BERTOLDO
Reflexão Sobre o Tempo

t_0	t_1	t_2	t_3	...	t_{n-1}	t_n
0	n_1	n_2	n_3	...	n_{n-1}	n_n

Como a referida abscissa trata-se de uma sucessão de instantes, logo temos uma progressão aritmética. Assim tem-se que:

$$t_2 - t_1 = t_3 - t_2 = t_4 - t_3 = ... = t_n - t_{n-1} = r$$

Como o problema de sucessões de instantes trata-se com unidades sensíveis de duração uniforme, intercaladas uma após outra, a razão (r) da progressão aritmética é igual ao índice "um".

Simbolicamente, o referido enunciado é expresso por:

$$r = 1$$

6.10 EQUAÇÃO DA VARIAÇÃO DE TEMPO

Na última figura procurei representar uma abscissa caracterizando os instantes numa progressão aritmética de razão (**r**).

Nessa, verifica-se que a partir de um dado momento arbitrário, o tempo escoa em progressão aritmética na ordem dos instantes:

$$t_2 = t_1 + r$$
$$t_3 = t_2 + r \rightarrow t_3 = t_1 + 2r$$
$$t_4 = t_3 + r \rightarrow t_4 = t_1 + 3r$$
$$t_5 = t_4 + r \rightarrow t_5 = t_1 + 4r$$

De modo que se pode estabelecer o termo da ordem n. Isto é t_n, é dada pela formula da equação de variação de tempo (Δt):

$$\Delta t = t_1 + (n - 1) \cdot r$$

Porém, sabe-se que (r = 1), portanto, posso estabelecer a seguinte equação:

$$\Delta t = t_1 + n_n - 1$$

6.11 OPERAÇÕES COM MEDIDAS DO TEMPO

1ª. Para somar os instantes, basta apenas somar as suas unidades métricas;

2ª. Para subtrair dois instantes, basta subtrair a medida do menor em duração da medida do maior em duração;

3ª. O produto de um instante por um número natural é o instante que tem para medida o produto da medida do instante dado pelo número natural;

4ª. O quociente de um instante por um número natural é o instante que tem para medida o quociente da medida do instante dado pelo número natural.

7

O TEMPO E O ESPAÇO

7.1 INTRODUÇÃO

O espaço é absolutamente indivisível, mesmo pelo pensamento, porque não é possível imaginar que suas partes se separam uma da outra, sem imaginar que saem por assim dizer, fora de si mesmas formando um abismo inexistente.

O espaço sem limites é a imensidão absoluta essencialmente indivisível, e é uma contradição nos termos que seja dividido, pois seria necessário existir um espaço entre as partes que se supõem dividido.

As partes, no sentido que se dá a esse termo quando aplicado aos corpos, são separáveis, compostos, desunidos, independentes uma das outras e capazes de movimentos. Porém, ainda que possa de algum modo conceber partes no espaço infinito, pode-se concluir que essas partes são essencialmente imóveis e inseparáveis uma das outras, que esse espaço é essencialmente simples e absolutamente indivisível. Logo o espaço não é divisível fisicamente e, portanto, não possuem partes, porque suas supostas partes não são passíveis de separação, porém, isto não implica que não podemos indicá-los por regiões caracterizadas pelas linhas ou pelas superfícies modulares que nele se podem traçar.

7.2 INFINITUDE

Pela física clássica, o espaço é infinito; pois aquilo que é limitado implica na existência de um extremo, mas um extremo somente pode ser distinguido comparando-o com algo de diferente; porém, as experiências não demonstram nada de perceptível. Portanto, já que o espaço universal não possui extremo, também não possui limites, e já que não possui limites deverá ser ilimitado e infinito em todas as direções.

Por ser infinito, o espaço é caracterizado pela imensidão do vácuo universal.

O espaço não é limitado pelos corpos, mas existe igualmente neles e fora deles. Os espaços imensos são limitados em si mesmos por suas próprias dimensões.

Até onde a mente humana pode conceber, o espaço não poderia cessar de existir sem cessar a existência de todas as coisas.

O espaço é infinito. Ele é a imensidade de algo sem limites. Para a física clássica, o espaço não tem princípio e nem fim. Sendo tridimensional, é ilimitado em todas as direções.

O espaço é sempre e sem variação a imensidade de algo que não cessa nunca de ser o mesmo.

A imensidade não é menos essencial ao espaço que sua eternidade.

7.3 REALIDADE

O espaço é algo real e absoluto, nesse caso, esse ente deve obrigatoriamente ser eterno e infinito.

O espaço não é uma substância, um ser eterno e infinito, mas uma propriedade, ou uma sequela da existência de algo infinito e eterno.

O espaço sendo uma realidade absoluta, não é somente imenso no todo, mas ainda imutável e eterno em cada parte.

O espaço sendo uma realidade absoluta, logicamente é algo eterno, impassível e independente de qualquer circunstância exterior.

7.4 LUGAR

O espaço ocupado por um corpo não é a extensão do mesmo, mas o corpo extenso existe nesse espaço, a esse espaço damos o nome de lugar.

Não digo que dois lugares do espaço sejam um mesmo lugar – são apenas partes de um mesmo espaço.

O espaço ocupado por um corpo será a extensão desse corpo. Esse corpo pode deslocar de um lugar para outro, mas não deixar sua extensão. Porém, o espaço ocupado por um corpo não é a extensão do mesmo, mas o corpo extenso existe nesse espaço.

O espaço está intimamente presente ao corpo que ele contém e que é comensurado com ele.

7.5 IMOBILIDADE

No espaço os lugares são imóveis. É necessário que aquilo que é móvel possa mudar de situação em relação a algum ponto de referencia e chegar a um novo estado discernível e distinto do primeiro. O espaço é imutável e imóvel, pois não existe ordem de mudança da ordem de coexistência com outro.

7.6 UNIFORMIDADE

O espaço é algo absolutamente uniforme e pleno; e, sem as coisas postas nele, um ponto do espaço não difere absolutamente em nada de outro ponto, embora esses diferentes espaços sejam perfeitamente semelhantes, elas são realmente distintos um do outro pelo fato de um não ser o outro. Ou melhor, embora dois lugares sejam perfeitamente semelhantes, não são um só e mesmo lugar. Sendo o espaço uniforme ou perfeitamente semelhante, não difere nenhuma de sua parte de outra.

Os filósofos acreditam na existência que coisas de diferem apenas numericamente, pelo fato de serem mais de uma; isso se chama "princípio da individuação". Dois pontos do espaço não são um mesmo ponto.

Apesar de existir dois espaços (lugares) perfeitamente indiscerníveis, ainda seriam dois. Assim, os filósofos acreditam na existência de espaços que diferem *Solo número* – apenas numericamente – pelo fasto de serem dois espaços; ou seja, dois lugares distintos.

7.7 VÁCUO

O vácuo é uma propriedade de uma substância imaterial; o vácuo absoluto é um espaço totalmente destituído de matéria.

Para provar que o vácuo existe, afirma-se que certos espaços não apresentam matéria e, portanto um corpo em movimento nesse vácuo não sofre nenhuma resistência.

No volume evacuado, existe algo imaterial que se poderia chamar de antimatéria. O espaço é uma propriedade da antimatéria. Se o espaço é a propriedade ou afecção da substância que está no espaço, ele será a afecção de um corpo, ora de outro corpo, era de uma substância imaterial, ora quando vazio de toda outra substância imaterial extensas, imaginarias que se representam ao que parece, nos espaços imaginários. Ora, o espaço não é uma afecção de um ou vários corpos, ou de nenhum ser limitado, e não passa de um sujeito para outro, mas ele é sempre e sem variações a imensidade de um ser imenso, que aparentemente não cessa nunca de ser o mesmo.

7.8 UNIDADE

A unidade possui uma extensão limitada; ou seja, a mensurabilidade.

O espaço não é ordem das coisas, mas quantidades reais, o que não se pode dizer da ordem e da situação.

Quanto mais se divide e subdivide uma unidade de espaço para chegar enfim a partes perfeitamente indivisíveis. Se, pois, levaria a divisão e a subdivisão ao infinito, e impossível chegar a partes perfeitamente indivisíveis.

As unidades de espaço, tomadas em si mesmas são coisas ideais. As unidades de espaços são perfeitamente semelhantes em si mesmas. As unidades do espaço, cujo todo é infinito e existe necessariamente, são imóveis. As unidades métricas de medidas de espaço são finitas e, portanto, a extensão ou a mensurabilidade de uma unidade finita.

7.9 CONSEQUÊNCIA ESPAÇO-TEMPO

Sob o ponto de vista clássico, o espaço universal não é somente infinito, mas também eterno, tanto antes como posteriormente, necessariamente pela natureza do tempo se eterno, isto vem a mostrar que o tempo e o espaço são interligados de tal forma que a existência de um implica na do outro.

O espaço apresenta-se na ordem das coexistências, e o tempo na ordem das sucessões. De fato, o espaço assinala em termos de possibilidade uma ordem das coisas que existem ao mesmo tempo, enquanto existem junto, sem entrar em seu modo de existir.

APÊNDICES

LEANDRO BERTOLDO
Reflexão Sobre o Tempo

Apêndice Um

FLUXO DE TEMPO

1.1 INTRODUÇÃO

Nos dois primeiros capítulos do presente tratado, procurei apresentar a distinção existente entre fluxo e duração. Estas duas noções são absolutamente necessárias para dar prosseguimento ao estudo do tempo. O "fluxo do tempo" está diretamente relacionado com o fluir ou decorrer do tempo, enquanto que aquilo que se entende por "tempo" está diretamente relacionado com a duração.

1.2 EQUAÇÃO TEMPORAL

A equação temporal clássica de Leandro visa a um princípio de conservação temporal. Pois em capítulos anteriores afirmei largamente que toda vez que o fluxo do tempo diminuir, a duração do intervalo de uma unidade de tempo aumenta.

Isto significa que o produto entre o fluxo pela duração de tempo é absolutamente igual a uma constante natural.

Simbolicamente, o referido enunciado é caracterizado pela seguinte equação:

$$\phi \cdot T = K$$

Logo, posso afirmar que o fluxo de tempo e o intervalo de tempo são grandezas inversamente proporcionais.

Por inversamente proporcional deve-se entender que, quando o fluxo aumenta, a unidade de tempo decresce na mesma proporção e vice-versa.

1.3 DIAGRAMA TEMPORAL

A relação mencionada é chamada "Lei Temporal" em homenagem ao cientista que a descobriu. Ela pode ser representada por um diagrama onde, no eixo das abscissas está relacionado o intervalo de tempo e no eixo das ordenadas está registrado o fluxo de tempo.

O diagrama para a referida expressão é caracterizado por uma "hipérbole equilátera". A curva representativa do diagrama é denominada por "curva do tempo".

O gráfico que caracteriza tal diagrama é representado pela seguinte figura cartesiana:

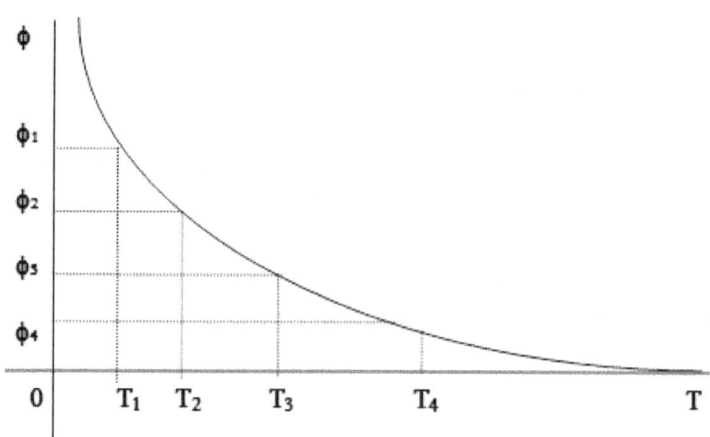

Talvez para muito físicos o referido gráfico não tenha muito sentido; porém, deve ser tratado sob o ponto de vista relativístico.

Na equação em debate, o produto $\phi . T =$ **Constante** é uma função constante em relação ao fluxo de tempo (ϕ), conforme demonstra a figura (**A**); e constante em relação ao tempo (**T**) conforme demonstra a figura (**B**).

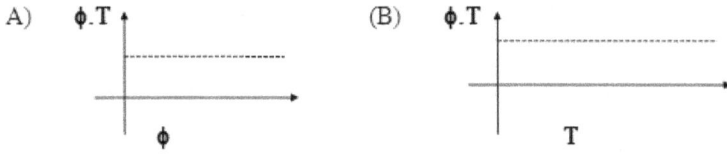

1.4 SINAIS DO FLUXO

Fixada a origem (0), para toda grandeza temporal; como sendo a do tempo natural; posso afirmar que toda vez que o fluxo do tempo aumentar ele será positivo, enquanto que a duração da unidade de tempo diminui e, portanto, ela será negativa.

Toda vez que o fluxo do tempo diminuir, ele será negativo, enquanto a direção da unidade de intervalo de tempo será positiva, pois, a mesma aumenta.

Esquematicamente posso descrever que:

LEANDRO BERTOLDO
Reflexão Sobre o Tempo

(A)

$$\dfrac{\phi > 0 \; \therefore \; T < 0}{0}$$

(B)

$$\dfrac{\phi < 0 \; \therefore \; T > 0}{0}$$

1.5 CLASSIFICAÇÃO DOS FLUXOS

Quando o fluxo é positivo ($\phi > 0$), obrigatoriamente a unidade de tempo será negativa ($T < 0$). Nessas condições, o tempo se chamará crescente. Toda vez que o fluxo for negativo ($\phi < 0$), obrigatoriamente a unidade de duração de tempo será positiva ($T > 0$). Nessas condições, o tempo se chamará decrescente.

1.6 LEI GERAL CLÁSSICA TEMPORAL

Considerando dois estados diversos do tempo:

Estado (A) $\phi_1 . T_1$
Estado (B) $\phi_2 . T_2$

Aplicando a equação clássica temporal aos dois estados temporais, obtém-se que:

$$\boxed{\phi_1 . T_1 = \phi_2 . T_2}$$

Que representa analiticamente a "Lei Geral Clássica Temporal", que relaciona dois estados quaisquer de tempo.

1.7 A RELATIVIDADE E O FLUXO DE TEMPO

No estado do tempo natural, o fluxo permanece absolutamente constante, para sofrer variações consideráveis somente quando um móvel desloca-se a velocidade próxima à da luz. Pois o fluxo do tempo diminui com o aumento da velocidade e isto equivale a dizer que a duração do intervalo de uma unidade de tempo se dilata com a velocidade dos corpos.

Em 1905, Einstein demonstrou que a unidade de tempo sofre uma dilação expressa pela seguinte equação:

$$T = T' / (\sqrt{1 - v^2/c^2})$$

Com a referida equação, obtém-se um intervalo de tempo entre dois eventos ocorrendo no mesmo local em certo referencial é maior por um fator de $1/ (\sqrt{1 - v^2/c^2})$ em um referencial se movendo em relação ao primeiro, e, consequentemente, no qual os dois eventos ocorrem em posições separadas.

Considere agora o fluxo do tempo medido em um referencial (**0**). Chamarei de (ϕ) o fluxo de tempo medido no referencial (**0**), em relação ao qual está o corpo em repouso. Desejo calcular (ϕ'), o fluxo de tempo medido em um referencial (**0'**).

Então vou estabelecer uma equação relacionando as grandezas correspondentes medidas no referencial (**0'**). Nesse referencial, o fluxo de tempo (ϕ') sofre uma variação em um tempo (**T'**). Assim tem-se que:

$$\phi' . T' = K$$

Também posso estabelecer uma equação relacionando as grandezas correspondentes medidas no referencial (**0**). Evidentemente, neste referencial, o fluxo de tempo (ϕ) é caracterizado por um intervalo de tempo (**T**). Desse modo vem que:

$$\phi \cdot T = K$$

Igualando convenientemente as duas últimas equações; obtém-se que:

$$\phi \cdot T = \phi' \cdot T'$$

Logo, tem-se que:

$$T = \phi' \cdot T'/\phi$$

Assim, resulta:

$$T'/T = \phi/\phi'$$

Porém, o argumento da dilatação do tempo mostra que:

$$T'/T = (\sqrt{1 - v^2/c^2})$$

Portanto, substituindo convenientemente as duas últimas expressões, obtém-se que:

$$\phi/\phi' = (\sqrt{1 - v^2/c^2})$$

$$\phi = (\sqrt{1 - v^2/c^2}) \cdot \phi'$$

Então obtive que o fluxo de tempo entre dois eventos ocorrendo num mesmo local em certo referencial como sendo menor por um fator ($\sqrt{1 - v^2/c^2}$) em um referencial se movendo em relação ao primeiro, e, consequentemente, no qual os dois eventos ocorrem em posições separadas. A equação relativística temporal:

$$T = T' / (\sqrt{1 - v^2/c^2})$$

E a equação relativística fluxoral:

$$\phi = (\sqrt{1 - v^2/c^2}) . \phi'$$

pois:

Respectivamente, mostram que T é maior que T',

$$1/ (\sqrt{1 - v^2/c^2}) > 1$$

Considerando os mesmos referenciais, verifica-se que ϕ é menor que ϕ', pois:

$$(\sqrt{1 - v^2/c^2}) < 1$$

O que vem a confirmar matematicamente que toda vez que o fluxo diminuir a unidade do intervalo de tempo deverá obrigatoriamente aumentar. Pois, à medida que o fluxo de tempo se torna mais lento, a duração de uma dada unidade de tempo que decorre no presente, deverá ser absolutamente mais longa.

LEANDRO BERTOLDO
Reflexão Sobre o Tempo

Apêndice Dois

VAZÃO DE TEMPO

2.1 INTRODUÇÃO

A minha definição de Vazão de Tempo é um conceito que somente tem significado na relatividade de Einstein, devido ao conceito de dilatação do tempo.

2.2 DEFINIÇÃO DE VAZÃO DE TEMPO

Eu defino a vazão de tempo como sendo igual ao quociente da dilatação temporal (Δt), inversa pela variação de tempo natural (Δt_0). Simbolicamente, o referido enunciado é expresso pela seguinte relação:

$$\mu = \Delta t/\Delta t_0$$

Dependendo do sentido da vazão de tempo, ele pode ser positivo e negativo verificado em relação ao tempo natural.

Assim, com relação à definição de Leandro, posso escrever que:

$$\mu \pm \Delta t/\Delta t_0$$

Num instante natural (t_0)a vazão (ϕ) é obtido pelo limite da expressão anterior, quando:

t_0 tende a zero: $\mu = \lim(\Delta t_0 \rightarrow {}_0) \Delta t/\Delta t_0$

Portanto, conclui-se que:

$$\mu = \pm dt/dt_0$$

Isto é; a derivada da dilatação de tempo em relação ao tempo natural fornece, em cada instante, o valor da vazão com sinal trocado ou sem sinal idêntico, dependendo do sentido da vazão.

Observe que a solução com o sinal negativo corresponde a uma vazão de tempo relativístico negativo - um conceito tão estranho à mecânica clássica quanto à mecânica relativística. Alias o próprio conceito de vazão tempo não tem significado na mecânica clássica.

2.3 EQUAÇÃO RELATIVÍSTICA DE VAZÃO

A relatividade de Einstein estabelece que a dilatação do intervalo de tempo é expressa por:

$$\Delta t = \Delta t_0/\sqrt{1 - (v^2/c^2)}$$

Assim, posso escrever que:

$$\Delta t/\Delta t_0 = 1/\sqrt{1 - (v^2/c^2)}$$

Entretanto, afirmei que a vazão de tempo é expressa por:

$$\mu = \pm \ \Delta t/\Delta t_0$$

Substituindo convenientemente as duas últimas expressões, vem que:

$$\mu = \pm \ 1/\sqrt{1 - (v^2/c^2)}$$

Sendo que tal expressão representa a equação de Leandro para a vazão de tempo relativístico.

2.4 REFERENCIAL TEMPORAL

Existe vazão de tempo, toda vez que a medida de seu intervalo variar no decurso do tempo natural. Desse modo, a noção de vazão temporal é relativa ao tempo natural no planeta Terra. Tal noção é imprecisa se não for estabelecido um sistema de referência. Assim, podemos estabelecer os seguintes postulados:

a) Existe vazão de tempo em relação a um determinado referencial temporal (no caso o tempo natural), quando seu intervalo medido nesse intervalo de referência, variar no decurso do tempo.

b) A vazão de tempo é "IDENTICO" num referencial, quando seu intervalo, medido nesse referencial temporal, não variar no decurso do tempo.

2.5 UNIDADE DE VAZÃO DE TEMPO

É muito interessante expressar a vazão de tempo por meio da relação entre duas unidades de tempo. Para o tempo que se dilata, costumo expressá-lo em minutos e o tempo natural em segundos. Assim, posso escrever que:

Unidade de μ = unidade de tempo em minutos/unidade de tempo em segundos =
U μ = min/s

2.6 VAZÃO DE TEMPO, POSITIVO E NEGATIVO

Uma vazão de tempo positivo indica que o intervalo de tempo dilatado vaza a favor da orientação positiva do tempo natural.

Uma vazão de tempo negativo indica que o intervalo de tempo dilatado vaza contra a orientação positiva do tempo natural.

2.7 TEMPO COM VAZÃO CONSTANTE

Quando o tempo dilatado apresenta intervalos iguais em tempos naturais iguais, sua vazão média em qualquer intervalo de tempo natural apresenta o mesmo valor; assim, costumo afirmar que a vazão é constante no decurso do tempo natural, sendo que tais tempos eu chamo por "tempos uniformes"; nele o tempo dilatado apresenta intervalos iguais em intervalos de tempos naturais iguais. O tempo cuja vazão varia no decurso do tempo natural eu costumo chama-lo de "tempo variado".

A equação relativística estabelece que:

$$\mu = \pm\ 1/\sqrt{1 - (v^2/c^2)}$$

Tal equação implica que a vazão tempo (μ) depende exclusivamente da velocidade (V).

2.8 VAZÃO RELATIVA

A minha definição de vazão temporal relativa, nada mais representa do que a medida de um intervalo de tempo dilatado em relação a outro intervalo de tempo também dilatado. Assim, para os dois estados de dilatação, posso escrever que:

a) $\Delta t_1 = \Delta t_{01}/\sqrt{1 - (v_1^2/c^2)}$
b) $\Delta t_2 = \Delta t_{02}/\sqrt{1 - (v_2^2/c^2)}$

Sendo $\Delta t_2 > \Delta t_1$, afirmo que a vazão de tempo em relação a Δt_1, é expressa por:

$$\mu = \pm\ \Delta t_2/\Delta t_1$$

Substituindo convenientemente as três últimas expressões, vem que:

$$\mu = \pm\ [\Delta t_{02}/\sqrt{1 - (v_2^2/c^2)}]/[\Delta t_{01}/\sqrt{1 - (v_1^2/c^2)}]$$

Assim, vem que:

$$\mu = \pm\ [\Delta t_{02}\ .\ \sqrt{1 - (v_1^2/c^2)}]/[\Delta t_{01}\ .\ \sqrt{1 - (v_2^2/c^2)}]$$

Se eu considerar (Δt_{02}) e (Δt_{01}) como medidas relativas ao tempo natural, posso concluir que:

$$\Delta t_{02} = \Delta t_{01}$$

Desse modo, posso concluir que:

$$\mu = \pm \sqrt{1 - (v_1^2/c^2)}/\sqrt{1 - (v_2^2/c^2)}]$$

Entretanto se considerar (Δt_{02}) e (Δt_{01}) como medidas de outro sistema de referencia relativístico, que não seja o tempo natural, então se pode escrever que:

$$\mu = \pm [\Delta t_{02} . \sqrt{1 - (v_1^2/c^2)}]/[\Delta t_{01} . \sqrt{1 - (v_2^2/c^2)}]$$

Como a relação entre (Δt_{02}) e (Δt_{01}), representa de alguma forma um fluxo inicial, relativo, posso escrever que:

$$\mu = \Delta t_{02}/\Delta t_{01}$$

Substituindo convenientemente as duas últimas expressões, vem que:

$$\mu = \pm \mu_0 . \sqrt{1 - (v_1^2/c^2)}/\sqrt{1 - (v_2^2/c^2)}$$

Elevando ao quadrado os membros da referida expressão, vem que:

$$\mu^2 = \pm \mu_0^2 . 1 - (v_1^2/c^2)/1 - (v_2^2/c^2)$$

Naturalmente, posso escrever que:

$$\mu^2 = \pm \mu_0^2 . (c^2 - v_1^2/c^2)/(c^2 - v_2^2/c^2)$$

Assim, resulta que:

$$\mu^2 = \pm \mu_0^2 . c^2 . (c^2 - v_1^2)/c^2 . (c^2 - v_2^2)$$

Eliminando os termos em evidência, vem que:

$$\mu^2 = \pm \mu_0^2 . (c^2 - v_1^2)/(c^2 - v_2^2)$$

Logo, posso escrever que:

$$\mu^2 = \pm \mu_0^2 . \sqrt{(c^2 - v_1^2)/(c^2 - v_2^2)}$$

Considerando que ($\mu_0 = 1$), então a última expressão se reduz à seguinte:

$$\mu^2 = \pm \sqrt{(c^2 - v_1^2)/(c^2 - v_2^2)}$$

2.9 DIFERENÇA ENTRE VAZÕES RELATIVAS

Considere os seguintes estados de vazão de tempo:

a) $\mu_1 = 1/\sqrt{1 - (v_1^2/c^2)}$

b) $\mu_2 = 1/\sqrt{1 - (v_2^2/c^2)}$

A diferença entre ambos é expressa por:

$$\Delta\mu = \mu_2 - \mu_1 = 1/\sqrt{1 - (v_2^2/c^2)} - 1/\sqrt{1 - (v_1^2/c^2)}$$

A relação matemática entre a expressão (**b**) e (**a**), permite escrever que:

$$\mu_2/\mu_1 = \pm \left[\sqrt{1 - (v_2^2/c^2)}\right]/\left[\sqrt{1 - (v_1^2/c^2)}\right]$$

Portanto, vem que:

$$\mu_2/\mu_1 = \pm \left[\sqrt{1 - (v_1^2/c^2)}\right]/\left[\sqrt{1 - (v_2^2/c^2)}\right]$$

Assim, conclui-se que:

$$\mu_2 = \pm \mu_1 . \left[\sqrt{1 - (v_1^2/c^2)}\right]/\left[\sqrt{1 - (v_2^2/c^2)}\right]$$

Sendo que tal expressão é idêntica àquela apresentada no parágrafo anterior do presente tratado. A presente teoria apresentada de forma geral pode ser aplicada na explicação da experiência realizada em 1964 por Christenson e colaboradores que encontraram que no decaimento via interação fraca do componente de grande vida-média do sistema degenerado K^0, k^0, existia, embora raramente, uma violação da invariância, com relação à reversão temporal, implicando que a natureza pode distinguir, em um nível microscópico, o sentido do escoamento do tempo.

Apêndice Três

RELATIVIDADE DO TEMPO

3.1 INTRODUÇÃO

No presente estudo será desenvolvido um modelo temporal que procura apresentar uma concordância quantitativa precisa com a teoria da Relatividade Restrita. A atração adicional é de que o raciocínio envolvido e de fácil compreensão.

3.2 POSTULADOS DO MODELO TEMPORAL

A justificativa fundamental para os postulados a seguir apresentados é encontrada no fato de que as previsões obtidas a partir dos postulados concordam com os resultados obtidos pela teoria da Relatividade Restrita.

Os postulados são os seguintes:

1º. O vetor do tempo natural é idêntico ao vetor do tempo cinemático.
2º. O tempo flui na velocidade da luz.
3º. O quadrado do fluxo do tempo é igual ao inverso do quadrado da velocidade da luz.

$$\phi^2 = 1/c^2$$

3.3 MODELO TEMPORAL

O quadrado do fluxo do tempo relativo é igual à diferença do quadrado do fluxo de tempo de um observador num móvel em relação ao quadrado do fluxo de tempo natural que flui na velocidade da luz. Simbolicamente o referido enunciado é expresso pela seguinte igualdade:

$$\phi^2_R = \phi^2_V - \phi^2_C$$

Isto porque o móvel está num movimento relativo em relação ao próprio movimento do tempo. Considerando as consequências do terceiro postulado, pode-se concluir que o quadrado do fluxo de tempo relativo multiplicado pelo quadrado do espaço percorrido pelo móvel é igual ao quadrado do tempo natural.
O referido enunciado é expresso simbolicamente pela seguinte equação:

$$\phi^2_R . S^2 = t^2_N$$

Ocorre que o quadrado do espaço percorrido pelo móvel é igual ao quadrado da velocidade do móvel em produto com o quadrado do tempo cinemático.
Simbolicamente o referido enunciado é expresso pela seguinte igualdade:

$$S^2 = V^2 . t^2_0$$

Substituindo convenientemente as duas últimas expressões, vem que:

$$\phi^2_R \cdot V^2 \cdot t^2_0 = t^2_N$$

Sabe-se que:

$$\phi^2_R = \phi^2_V - \phi^2_C$$

Substituindo convenientemente as duas últimas expressões, vem que:

$$(\phi^2_V - \phi^2_C) \cdot V^2 \cdot t^2_0 = t^2_N$$

Pela propriedade distributiva, pode-se escrever que:

$$(\phi^2_V \cdot V^2 - \phi^2_C \cdot V^2) \cdot t^2_0 = t^2_N$$

Porém o terceiro postulado estabelece que:

a) $\phi^2_V = 1/V^2$
b) $\phi^2_C = 1/C^2$

Substituindo convenientemente as três últimas expressões, vem que:

$$(1/V^2 \cdot V^2 - 1/C^2 \cdot V^2) \cdot t^2_0 = t^2_N$$

Eliminando os termos em evidência, resulta que:

$$(1 - V^2/C^2) \cdot t^2_0 = t^2_N$$

Assim vem que:

$$(\sqrt{1 - V^2/C^2}) \cdot \sqrt{t^2_0} = \sqrt{t^2_N}$$

Portanto, resulta que:

$$(\sqrt{1 - V^2/C^2}) \cdot t_0 = t_N$$

Portanto pode-se escrever que:

$$t_0 = t_N/(\sqrt{1 - V^2/C^2})$$

A referida equação é idêntica àquela que é obtida pela teoria da Relatividade Restrita. Pelo que se depreende a presente teoria é bem sucedida na explicação do fenômeno relativístico da dilatação do tempo em termos de um modelo de fluxo temporal.

3.4 PRINCÍPIO TEMPORAL

O princípio temporal afirma que o tempo natural para um observador em repouso é constante (t_N). Para este mesmo observador em repouso que observa um móvel, nota que o tempo cinemático deste diminui (t_0) e o observador cinemático do móvel observa que o tempo para o observado em repouso aumentou (t_R). Dessa maneira a soma dos tempos notados por cada observador é constante.

Simbolicamente o referido enunciado é expresso por:

$$t_N = t_0 + t_R$$

Substituindo convenientemente as duas últimas expressões, vem que:

$$t_R = t_N - t_0$$

$$t_R = t_N - [t_N/(\sqrt{1} - V^2/C^2)]$$

Portanto conclui-se que:

$$t_R = t_N \cdot [1 - (1/(\sqrt{1} - V^2/C^2)]$$

3.5 MOVIMENTO TEMPORAL ENTRE DOIS CORPOS

Considere dois móveis se locomovendo com velocidades próximas à da luz, entretanto, diferentes. Assim têm-se as seguintes observações:

1º. O tempo cinemático do primeiro móvel em relação ao tempo natural é expresso por:

$$t_1 \rightarrow t_N = t_N/(\sqrt{1} - V^2_1/C^2)$$

2º. O tempo cinemático do segundo móvel em relação ao tempo natural é expresso por:

$$t_2 \rightarrow t_N = t_N/(\sqrt{1} - V^2_2/C^2)$$

3º. O tempo cinemático do segundo móvel em relação ao tempo cinemático do primeiro móvel é expresso por:

$$t_2 \rightarrow t_1 = t_1/(\sqrt{1} - V^2_2/V^2_1)$$

Substituindo convenientemente a expressão $(t_1 \rightarrow t_N)$ obtém-se que:

$$t_2 \rightarrow t_1 = t_N/(\sqrt{1} - V^2_1/C^2)/(\sqrt{1} - V^2_2/V^2_1)$$

Portanto vem que:

$$t_2 \rightarrow t_1 = t_N/(\sqrt{1 - V^2_1/C^2}) \cdot (\sqrt{1 - V^2_2/V^2_1})$$

Logo se pode escrever que:

$$t_2 \rightarrow t_1 = t_N/[\sqrt{(1 - V^2_1/C^2)} \cdot (1 - V^2_2/V^2_1)]$$

Desenvolvendo a multiplicação dos polinômios, obtém-se que:

$$t_2 \rightarrow t_1 = t_N/[\sqrt{1 - V^2_1/C^2 - V^2_2/V^2_1 + V^2_2/C^2}$$